爱上数学2

·数字 2·

U0243041

零花钱 的 故事

〔韩〕郑珍 / 著　原婍 / 绘　江凡 / 译

云南出版集团　晨光出版社

如果我有 10 张 1000 元，可以换一张什么样的钱呢？

只有认识大数和换算关系，换钱的时候才不会出错！

每到过年的时候，小朋友们向长辈们拜年常常会收到压岁钱。

厚厚的压岁钱总是能把红包撑得鼓鼓的。

可是，我收到了好多 1000 元* 的纸币和 100 元的硬币。

如果想把这些钱换成大面额的纸币，可以怎样换呢？

* 1000 韩元 ≈ 5.87 元人民币。下文中的"元"统指韩元。——编者注

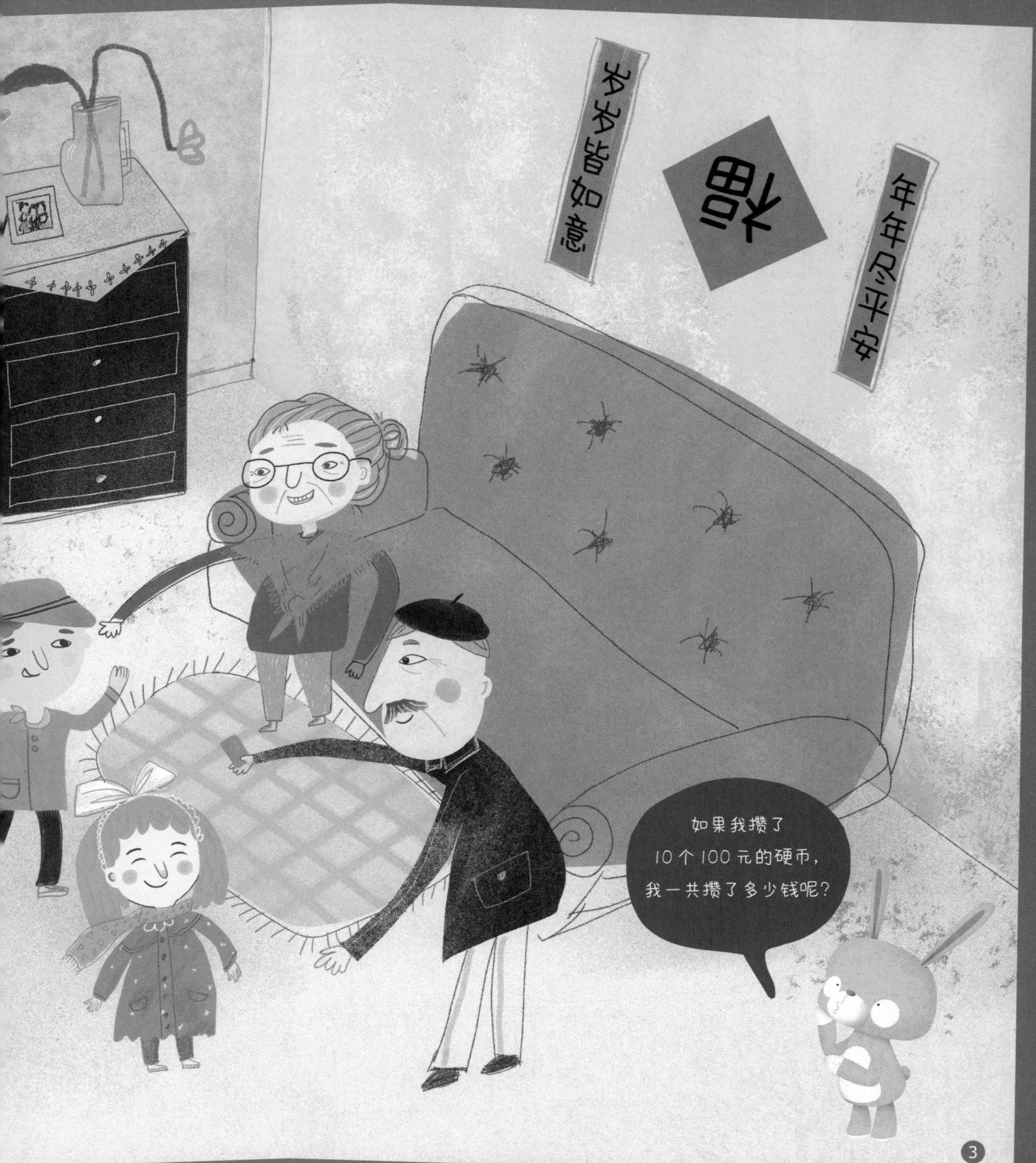
岁岁皆如意
福
年年尽平安
如果我攒了
10个100元的硬币，
我一共攒了多少钱呢？

过年了，大松和小松跟着爸爸妈妈
一起去爷爷奶奶家。
他们要去给爷爷奶奶拜年。

"妈妈，今年的压岁钱，我可以自己保管吗？"
已经是小学生的大松问。

小松也跟着哥哥喊起来："妈妈，我也要自己保管！"

妈妈笑着说："好啊！不过，不可以乱花哟！"

喜 迎 新 春

一进门，大松和小松就一齐给爷爷奶奶拜年。

"爷爷奶奶过年好！祝爷爷奶奶身体健康，万事如意！"

接着，他们又给爸爸妈妈拜了年。长辈们都笑呵呵地拿出了压岁钱。

大松开心地对小松说："我的压岁钱比你的多！"

小松不服气地说："你只有 3 张，我有 10 张！我的多！"

　　大松一脸坏笑地说道："钱的张数多，不代表金额就大，你数数你的每张钱上，1后面有几个0？"

　　"1，2，3，有3个0！"小松仔细地数了数。

　　大松把自已的钱递了过去，"你再数数我的……"

　　"1，2，3，4，有4个0！"小松还是不太明白。

　　"这说明我的压岁钱是1万元一张的，你的是1000元一张的！我的多！"大松更得意了。

回到家后，小松越想越委屈，"这不公平，为什么哥哥的压岁钱比我多！"

爸爸安慰小松说："哥哥是小学生了，要买一些文具和书本，所以给他的压岁钱多一点。"

"我也喜欢看书，我也要买书呀！"小松不高兴。

爸爸接着说："不如通过做家务的方式来换取一些零花钱，怎么样？"

"我愿意！"小松高高地举起了手。

　　爸爸和小松约定好，给花浇一次水 500 元，
帮爸爸擦一次皮鞋 1000 元。

　　于是，小松每隔两天会给家里的花浇一次水，
爸爸妈妈下班后，会把他们的皮鞋擦得干干净净。

2月

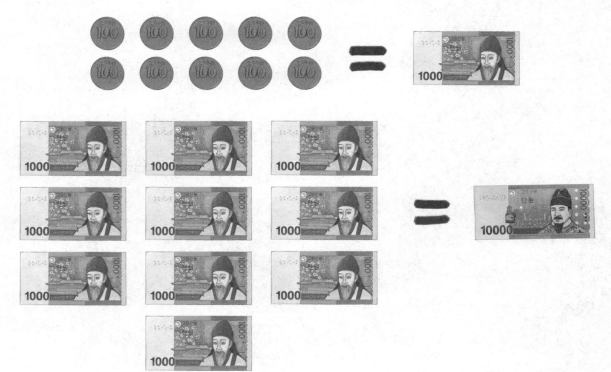

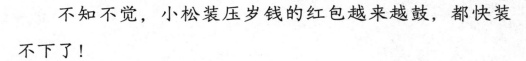

　　不知不觉，小松装压岁钱的红包越来越鼓，都快装不下了！

　　妈妈说："我来帮你换成大面额的纸币吧！"

　　只见妈妈把 10 个 100 元的硬币换成 1 张 1000 元的纸币，又把 10 张 1000 元的纸币，换成 1 张 1 万元的纸币。

　　转眼间，鼓鼓的红包变成了扁扁的，不过小松知道，里面的钱可一分也没少！

小松努力赚零花钱的这段日子里，大松在干什么呢？

大松也很忙，忙着买棒棒糖、冰淇淋，买机器人、弹珠和卡片，还有炸鸡排……

花花自行车

营业中

18

这天，大松又来到了街上。

突然，他眼前一亮，自行车店的橱窗里，有一辆特别漂亮的自行车。

"啊！如果我骑上它，阿乐他们肯定会羡慕地追着我跑！"光是这么想想，大松就觉得神气得不得了。

123,000

138,000

230,000

古董车

收入		支出	
	30,000元		500元
			3,500元
			700元
			500元
			2,500元
			300元
总计	30,000元		8,000元
		余额	22,000元

大松迫不及待地跑进店里，只见自行车的价签上写着：154000 元。

大松从右向左数起来："个、十、百、千、万、十万……这……这也太贵了吧！"

大松掏出自己的红包，数了好几遍，失望地走出了自行车店。

154,000

美美服饰

　　大松边走边琢磨，"我一定要让爸爸妈妈给我买那辆自行车！"

　　想着想着，大松走到了路边的糖果摊，买了一个棉花糖和一个冰淇淋。

　　这下，大松的红包彻底空了。

回到家，还没顾上说自行车的事。大松的肚子突然疼起来，他难受得趴在沙发上直哼唧。

"爸爸，哥哥不舒服！"小松连忙叫来了爸爸。

爸爸妈妈带着大松赶到了医院。

做了一系列的检查后，医生说："孩子是急性肠胃炎，一定不要再乱吃东西了，输点液，回家按时吃药。"

挂号　　　　收费

妈妈去缴费取药。

没过一会儿，妈妈又着急地回来了。"哎呀，这家医院只收现金，出门时太着急，我没带够钱！"

爸爸连忙翻了翻裤兜，"糟糕，我没带钱包！"

收费

这时，小松拿出了自己的红包，"妈妈，这些钱够吗？"

"哇！"妈妈惊喜地接过去，"完全够！回家后，妈妈给你补上！谢谢小松！"

正被爸爸抱着的大松更是瞪大了眼睛，"你什么时候攒了这么多钱？！"

　　经历了肠胃炎的折磨，看到了小松的零花钱，身体康复后的大松，也变得和以前不一样了……

　　爸爸妈妈增加了一些可以赚零花钱的家务活项目，现在的家里，大松和小松每天抢着做家务。

　　大松再也没有偷偷溜出去乱买东西……但是，他心里还在惦记着那辆自行车。

"用自己劳动换来的钱去买自行车，骑起来一定更威风吧？"这样想着，大松干起活来更卖力了！

让我们跟小松一起回顾一下前面的故事吧！

　　每到过年，很多小朋友都会收到压岁钱，我和哥哥也不例外。今年，哥哥的压岁钱是 3 张 1 万元，我的是 10 张 1000 元。一开始，我以为我的压岁钱更多，但是哥哥说，钱的多少，不是由纸币的张数决定，而是要看上面的面额。我的 10 张 1000 元就等于 1 万元,而哥哥有 3 张 1 万元……

　　在上一本《数数少了几条鱼》这个故事里，我们学习了三位数。现在，让我们来看看更大的数字吧。

数学面对面

认识多位数

生活中有许多的数字，尤其是涉及地址、电话号码和邮政编码的时候，我们还经常会看到三位以上的多位数。

最大的三位数是 999，它后面的数是 1000。写作"1000"，读作"一千"。

下面，我们通过小粉家的门牌号来熟悉一下多位数的写法和读法。1124 由 1 个 1000、1 个 100、2 个 10 和 4 个 1 组成。读数时，我们从左向右读，在数字后加上千、百、十就可以了。

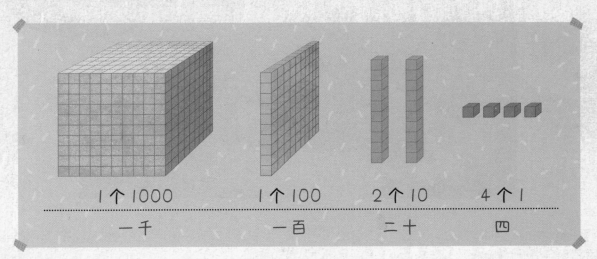

如果千位是 1、百位是 1、十位是 2、个位是 4，就写作"1124"。1124 读作"一千一百二十四"。

下面我们具体了解一下 1124 的组成吧。

1124		千位	百位	十位	个位
		1	1	2	4
1 在千位上，表示 1000		1	0	0	0
1 在百位上，表示 100			1	0	0
2 在十位上，表示 20				2	0
4 在个位上，表示 4					4

虽然千位和百位上的数字都是 1，但是所在数位不同，表示数字的大小也不同。

我们已经学习了三位数和四位数，现在来认识一下五位以上的数字吧。

哇，这是长城吗？

没错。你知道吗，长城的总长度约为21196米。

10 个 1000 是 10000。写作"10000"，读作"一万"。9999 后面的数字就是 10000。我们通过 21196 这个数字来了解一下五位数吧。

21196	万位	千位	百位	十位	个位
	2	1	1	9	6
2 表示 20000	2	0	0	0	0
1 表示 1000		1	0	0	0
1 表示 100			1	0	0
9 表示 90				9	0
6 表示 6					6

读作"两万一千一百九十六"。

10 个 10000 是 100000，为了读写方便，也可以写作"10 万"，读作"十万"。100 个 10000 是 1000000，也可以写作"100 万"，读作"一百万"。1000 个 10000 是 10000000，也可以写作"1000 万"，读作"一千万"。

两个数比较大小，我们首先要比较他们的位数。位数不同的时候，位数多的那个数比较大。如果两个数字的位数相同，先比较最高位的数字。这个时候，最高位的数字越大，这个数就越大。以下面的图为例，皮鞋价格的万位数是 6，比运动鞋价格的万位数 5 大，所以 62000 比 53000 大。因此我们就可以说皮鞋比运动鞋贵。

亿有多大呢？

大家见过新闻报道中"帮助贫困户的捐款达到了几亿"这样的说法吗？"亿"指的是 10 个 1000 万，写作"100000000"或者"1亿"，读作"一亿"。

生活中的数字

数的世界广阔到我们无法想象，下面我们来看看生活中的数字吧。

文学

诗词中的数字

作为中国传统文化的瑰宝，诗词的题材广泛，风格多样。其中有一种非常有意思的数字诗，可谓匠心独运，它将一、二、三……九、十，甚至百、千、万等数字融入整首诗中，妙趣横生，读起来朗朗上口。例如，宋朝诗人邵雍的《山村咏怀》："一去二三里，烟村四五家。亭台六七座，八九十枝花。"

社会

国家的预算

像父母操持家庭的收入一样，国家也会计划未来一年内整个国家的民生。预算，是对未来一定时期内收支安排的预测、计划。它作为一种管理工具，在日常生活乃至国家行政管理中被广泛采用。就财政而言，财政预算就是由政府编制，经立法机关审批，反映政府一个财政年度内的收支状况的计划。这个过程叫作公共财政预算。2020年，中国一般公共预算收入为182895亿元人民币。

太阳与行星的距离

我们地球所在的太阳系一共有 8 颗行星，这 8 颗行星借助太阳的吸引力围绕着太阳转圈。那么，太阳到各行星间的距离有多远呢？首先，离太阳最近的行星是水星，距太阳 5806 万千米；接下来是金星，距太阳 1 亿 1000 万千米。此外，其他行星与太阳的距离分别是：地球 1 亿 4960 万千米，火星 2 亿 3000 万千米，木星 7 亿 8000 万千米，土星 14 亿 3000 万千米，天王星 28 亿 7000 万千米，海王星 45 亿千米。

最喜欢的玩具

根据下面的 提示 涂色，猜一猜大松最喜欢的玩具是什么。

> 提示 1. 请把百位是 2 的数字涂成黄色。
>
> 2. 请把千位是 4 的数字涂成蓝色。
>
> 3. 请把万位是 6 的数字涂成红色。

19532	5398	53288	45204	85299	2563	19462
15630	830	35233	23211	97201	18846	135
56130	92360	2020	14111	366	8855	10630
65835	4909	14656	24736	94845	54105	63911
60399	14518	4129	84853	44120	4600	60000
69999	95622	14009	4562	94922	36300	66385
	40411	74555	50609	14029	19102	
999	6329	4856	10003	54560	30945	2011
82011	66444	60590	5544	68561	62554	9012

一共有多少人

大松和小松想用数字模型表示出学校的学生总人数。先读一读屋顶上的数据，再在最下方沿着黑色实线剪下相应的数字模型，贴到合适的位置上。

10个100写作"1000"，读作"一千"。

学生总人数 2149名

千位	百位	十位	个位

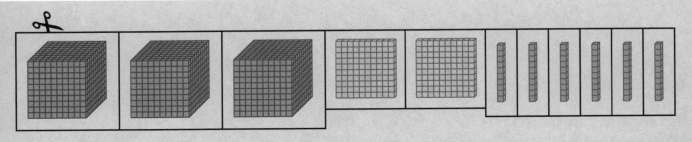

两个小朋友和爸爸妈妈一起讨论桌子上的数字模型代表的数字。请在 □ 里写出正确的数字，再圈出 4 个人中错误的描述。

这个数的千位是9。

这个数有4个100。

这个数的6代表的是60。

这个数读作"九千六百四十四"。

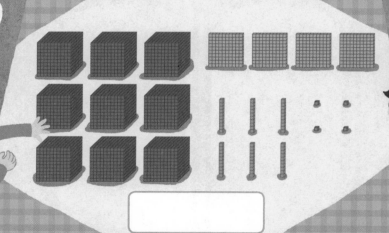

跟爸爸妈妈逛商场

大松和小松跟着爸爸妈妈一起去了百货商场。比较下面每组物品的价格，试着在 ▢ 里填上 "<" 或 ">"。

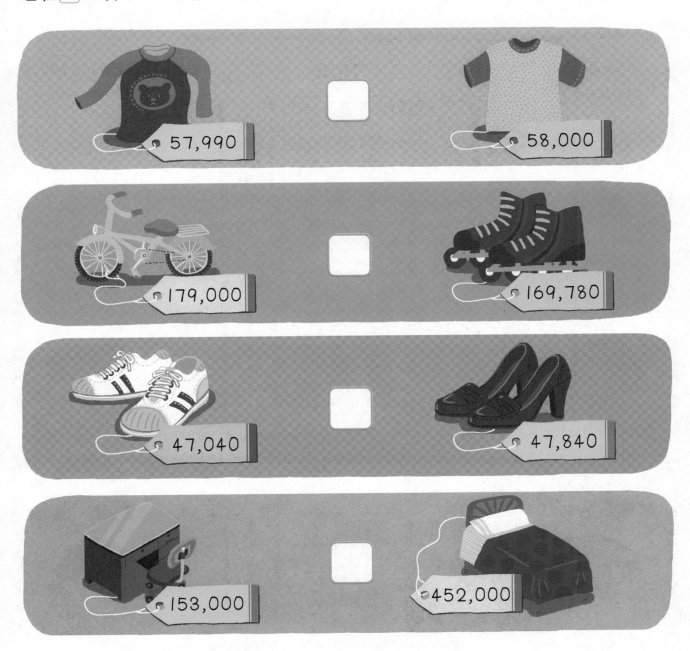

趣味小游戏 5 来玩猜数字

一家人正在两两一组猜数字。参考示例，根据两个人的对话，在□里写出正确的数字，然后圈出所需的模型数。

2909 后面的数字是多少？

示例 2910

这个数有 2 个 1000，9 个 100 和 1 个 10。

比 4408 小 100 的数是多少？

这个数有 4 个 1000，3 个 100 和 8 个 1。

比 4999 大 10 的数是多少？

这个数有 5 个 1000 和 9 个 1。

请帮我换一下钱

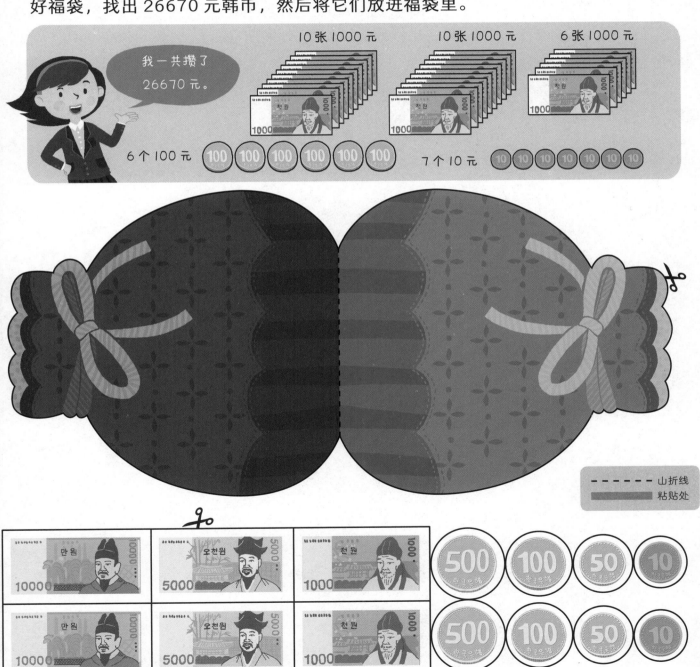

为了给爷爷买生日礼物，我攒了好多零花钱。按照下一页的福袋制作方法做好福袋，找出 26670 元韩币，然后将它们放进福袋里。

我一共攒了 26670 元。

10张1000元　　10张1000元　　6张1000元

6个100元 100 100 100 100 100 100

7个10元 10 10 10 10 10 10 10

----- 山折线
▬▬ 粘贴处

制作方法

1. 沿着黑色实线把福袋图纸剪下来。
2. 沿着福袋中间的山折线，向下对折。
3. 在粘贴处涂上胶水，完成粘贴。
4. 把上一页最下方的钱币道具分别沿着黑色实线剪下来。
5. 用最合适的方法找出 26670 元韩币，然后放进福袋里。

粘贴处

挑选礼物

阿虎和小兔带着辛苦攒下的零花钱去给老师买礼物。观察图片，试着写出下列各问题的正确答案。

我是阿虎，
我有 35000 元。

我是小兔，
我有 20000 元。

连衣裙
38,000

花束
18,000

包
54,000

鞋
28,900

发箍
15,000

· 请把阿虎能买的礼物都找出来。

_____

· 请把小兔能买的礼物都找出来。

_____

· 如果你是阿虎或者小兔，你会选择哪个礼物，请把理由写出来：

如果我是 _____ ，我会选择 _____

_____。

_____

参考答案

40~41 页

42~43 页